URANOGRAPHIE

OU

CONTEMPLATION DU CIEL,

à la portée de tout le Monde.

Nouvelle Edition.

Cœli enarrant gloriam Dei.

A PARIS,

Chez MERIGOT, Jeune, Libraire, Qua
des Augustins, près la Rue Pavée.

M. DCC. LXXX.

M.

L E S graces qui aſſiſterent à
votre naiſſance, vous ont ac-
cordé la beauté & l'art de plaire :
à des dons ſi précieux, vous
joignez auſſi les talens des Mu-
ſes. Ce qui eſt une étude pénible
pour les perſonnes de votre
Sexe, eſt pour vous un amuſe-
ment. Egalement enjouée dans
les plaiſirs & dans la Société,
vous rendez agréables les Scien-
ces les plus abſtraites ; elles
acquierent, en paſſant par votre bouche la préciſion & la clarté que de graves Auteurs n'ont

pas connues, & qu'ils paroiſſent
avoir négligées aſſez mal-adroi-
tement dans leurs Ouvrages :
Pénétré, M. de l'eſtime & de
l'admiration que vous inſpirez
à ceux qui ont le bonheur de
vous connoître , j'ai voulu vous
conſacrer un hommage public
des ſentiments avec leſquels

Je ſuis trés-reſpectueuſe-
ment , &c.

AVIS DE L'ÉDITEUR.

UN homme d'esprit, Philosophe, est Auteur de ce petit Ouvrage. Son goût pour l'Astronomie, le fait quelquefois parler de cette Science, comme un Amant de sa Maîtresse : souvent il se dérobe à tous les plaisirs pour observer le Ciel. Il travaille exactement tous les jours, & même il y emploie une partie des nuits ; ce n'est point par air, ni par caprice, c'est vraiment un goût décidé, une passion utile à son pays ; car ses Observations serviront un jour à ses Confreres. Je voudrois le faire connoître, mais cela n'est pas possible : il est sur cet article absolument entêté. M. le Marquis de Belesta, Mestre de

Camp de Cavalerie, son ami & son concitoyen, lui a enlevé son Manuscrit pour le publier, & ensuite il a bien voulu me le confier. Il a été composé pour une Dame, avec qui l'Auteur étoit lié, qui se divertissoit aussi avec les Etoiles : bientôt elle s'occupa de cet amusement, qui est plus agréable qu'on ne l'imagine. On a cru que cette Dame seroit imitée ; c'est pourquoi on l'imprime. D'autres personnes ont fait essai de sa méthode ; tous en assurent l'utilité. Notre Astronome s'y met à la portée de tous les esprits ; il semble avoir voulu exciter la curiosité, & engager ses Lecteurs à pénétrer une science, qui, suivant une de ses expressions ordinaires, est une jouissance perpétuelle.

URANOGRAPHIE

OU

CONTEMPLATION

DU CIEL.

L ES Etoiles fixes font ainfi ap-
pellées parce qu'elles confervent per-
pétuellement entr'elles une diftance
égale. Elles paroiffent faire leurs ré-
volutions de l'Eft à l'Oueft, dans
24 heures, mais ce mouvement n'eft
qu'apparent, & ne paroît tel, que
parce que la Terre fait réellement une

A iv

est composée de sept étoiles principales, dont quatre forment un trapeze, & les trois autres une queue
recourbée en dessous : tout le monde
la connoît, & on l'appelle commu-
nément le *grand chariot de David.*

Lorsqu'on connoîtra cette constellation, on pourra faire des alignemens imaginaires, tirés des étoiles
connues, à d'autres inconnues ; &
parvenir à sçavoir à quelles constellations elles appartiennent.

On trouvera dans ce petit Traité,
des Planches, où les principales étoiles des constellations les plus remarquables sont placées selon leur distance réciproque ; une explication courte
contenant leurs noms & les alignemens qui servent à les faire reconnoître ; le tems à peu-près auquel

elles paſſent au Méridien * ; dans la ſaiſon de l'année où elles y paſſent de nuit.

Quand on connoîtra parfaitement les conſtellations dans cet Ouvrage, & les étoiles qui y ſont marquées, ſi l'on vient à y appercevoir une étoile plus groſſe que les autres, on pourra être ſûr que c'eſt une Planete, telle que Saturne, Jupiter, Mars ou Vénus ; car Mercure s'éloigne trop peu du Soleil pour pouvoir le découvrir, excepté quelques minutes avant ſon lever, ou après ſon coucher.

Si la lumiere en étoit pâle, mal

----

* Les Etoiles paroiſſant ſe lever à l'Eſt, & ſe coucher à l'Oueſt, on dit qu'elles paſſent au Méridien quand elles ſont à égales diſtances de ces deux points.

tranchée, & comme entourée d'un petit nuage, on pourroit affurer, le Ciel d'ailleurs étant ferein, que c'eſt une Comete.

La Table fuivante indiquera les conſtellations qui paſſent au Méridien moyen de la France, vers les dix heures du foir dans les différens mois de l'année, en commençant par les plus méridionales & finiſſant aux plus feptentrionales. J'ai rapporté ce paſ-fage à dix heures du foir ; cette heure étant la plus commode pour examiner leCiel, fans rien prendre fur les autres occupations de fon état, ni fur fon fom-meil. Lorſqu'onfera fixé à peu-près par la fituation du Méridien, fur quelque objet remarquable, ce qui fera facile, en jettant un coup d'œil à dix heures du foir dans la partie qu'il occupe du

Midi au Nord , fur quelques-unes des Etoiles indiquées dans lesdefcriptions fuivantes , les alignemens donnés feront les guides. A l'égard des conftellations qui font autour du Pôle, & qui, s'étendant jufqu'au quarantiéme dégré , ne fe cachent jamais fous l'horifon dans ces climats , j'indique le temps où elles paffent au Méridien au-deffous & au-deffus du Pôle ; quand les conftellations occupent un efpace fort étendu , j'indique quelle partie paffe actuellement.

Je n'ai pas fait mention dans cette Table , des conftellations peu remarquables qui font près du Pôle , telles que le Linx , la Giraffe , l'Arééne , &c. les Etoiles en étant fort petites. J'aurois pu marquer encore les paffages des conftellations pour le pre-

mier , le 10 & le 20 .de chaque
mois, mais cette précifion m'a paru
inutile pour l'objet que je me fuis
propofé.

Ces notions préliminaires feront
fuffifantes pour apprendre à connoître
fans Maître les conftellations de notre hémifphère , qui renferment les
plus belles Etoiles ; quand on aura
acquis l'habitude d'appercevoir celles dont nous faifons ici mention , on
parviendra aifément à reconnoître
toutes les autres de proche en proche ,
par des alignemens fuppofés *.

Cet effai a été fait pour donner
une connoiffance générale du Ciel

On trouvera dans l'ASTRONOMIE de M.
de la Lande , tous les détails néceffaires
pour approfondir cette Science. N. de l'Ed.

aux perſonnes qui le voyent tous les jours avec un étonnement mêlé d'admiration & de curioſité, pour ceux qui ayant examiné le Ciel dans une belle nuit, ont ſenti un deſir preſque inné de connoître les Etoiles qui ornent le Firmament. Il y a dans cette étude quelque choſe de ſublime, qui éleve l'ame, qui la tranſporte au pied du trône de l'Être Suprême. Rien de plus agréable dans une promenade de la campagne, que de joindre aux beautés, dont la nature & l'art ont embelli certaines ſituations, la connoiſſance de ces corps lumineux qui nous éclairent & qui nous offrent le ſpectacle le plus grand & le plus majeſtueux.

La lecture de ce Livre n'exige pas les connoiſſances d'un Aſtronome.

J'ai travaillé pour être précis, clair & méthodique : je l'aurai fait utile-ment, si cet Essai peut donner à quel-qu'un du goût pour une science, dont le sujet se présente si souvent à nos yeux.

TABLE des Constellations qui passent au Méridien vers les dix heures du soir dans les différents mois de l'année, sous le Méridien moyen de la France.

Fin de Décemb. commencement de Janvier. —	La Colombe, Le Lievre, Orion, Le Charretier, Second nœud du Dragon sous le Pôle.
15 Janvier.	Epaule d'Orion, Pieds des Gémeaux.
Fin de Janvier, commencement de Février.	Tête du grand Chien, Fouet du Charretier, Corps du Dragon sous le Pôle.
15 Février.	Pouppe du Vaisseau, Petit Chien, Têtes des Gémeaux, Premier nœud du Dragon sous le Pôle.

Fin d'Avril, commencement de Mai.	Ailes du Corbeau, Corps de la Vierge, Chevelure de Bérénice, Naissance de la queue de la grande Ourse au dessus du Pôle, Cassiopée au-dessous.
15 Mai.	Tête du Centaure, Epi de la Vierge, Arcture au genouil du Bouvier, Extrémité de la queue de la grande Ourse au-dessus du Pôle.
Fin de Mai, commencement de Juin.	Patte du Loup, Bassin boréal de la Balance, La Tête du Bouvier, Le quarré de la petite Ourse au-dessus du Pôle, Tête de Persée au-dessous.

Fin de Juillet, { Le Sagittaire,
commencement { La Lyre,
d'Août. { Le Pôle de l'Ecliptique.

15 Août. { Antinoüs,
{ L'Aigle,
{ L'Aîle du Cygne.

Fin d'Août { La tête du Capricorne,
commencement { Le Dauphin,
de Septembre. { La queue du Cygne,
{ Tête de la grande Ourse
{ sous le Pôle.

15 Septembre. { Queue du Capricorne,
{ Tête du Verseau,
{ Tête de Pégase,
{ Tête de Céphée au des-
{ sus du Pôle.

Fin de Septemb. { Poisson Austral,
commencement { Jambe du Verseau,
d'Octobre. { Pégaze,
{ Quarré de la grande Our-
{ se sous le Pôle.

15 Octobre.	Le premier des Poiſſons, L'Aîle de Pegaze, La Tête d'Andromede, L'Extrémité du quarré de la grande Ourſe ſous le Pôle.
Fin d'Octobre, commencement de Novembre.	Queue de la Baleine, Second des Poiſſons, Corps d'Andromede, Caſſiopée au-deſſus du Pôle, Queue de la grande Ourſe au-deſſous.
15 Novembre.	Corps de la Baleine, Tête du Bélier, Triangle, Queue de la grande Ourſe ſous le Pôle.
Fin de Novemb. commencement de Décembre.	Tête de la Baleine, Tête de Méduſe, Tête de Perſée, Petite Ourſe ſous le Pôle.

15 Décembre. {
L'Eridan,
Le Taureau,
Les Pleyades,
La petite Ourse fous le Pôle,
Le dernier nœud du Dragon à l'horifon.

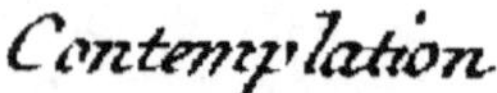

PETITE OURSE

GRANDE OURSE

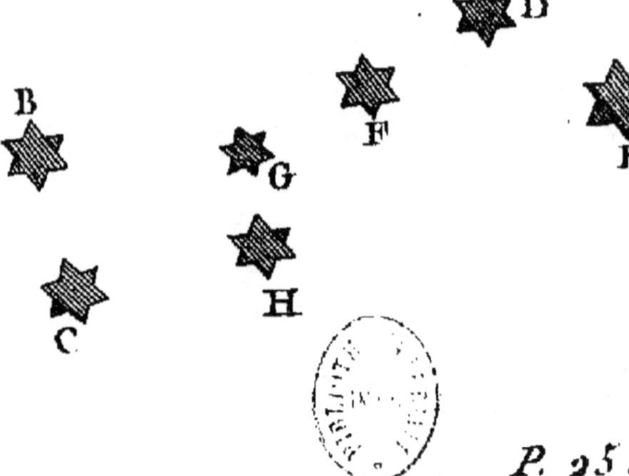

P. 25.

I.

GRANDE OURSE.

LA Grande Ourse est une constellation composée de sept Etoiles principales : il y en a quatre qui forment un trapeze ou quarré irrégulier, & les trois autres désignées (Pl. I.) par F, D, E, forment une queue recourbée en dessous. Celle qui commence la queue est de la seconde grandeur, & s'appelle *Aloth* : comme cette constellation est voisine du Pôle, autour duquel elle tourne, ainsi que les autres, par ce mouvement apparent dont nous avons parlé ci-dessus ; elle paroît toujours pour nous dans la Partie boréale du Ciel, tantôt au-dessous du Pôle, tantôt au-dessus, tantôt à l'Ouest, & tantôt à l'Est.

B

PETITE OURSE.

ON trouve dans la même Planche, la Petite Ourſe qui eſt, ainſi que la Grande Ourſe, compoſée de ſept Etoiles, mais beaucoup moins brillantes. Elle affecte la même figure, ſauf qu'elle a ſa queue recourbée en deſſus. Celle qui fait l'extrémité de cette queue, eſt l'Etoile Polaire, qui eſt de la troiſiéme grandeur. Pour la trouver facilement, il n'y a qu'à imaginer une ligne droite tirée par C & par B, de la Grande Ourſe, elle ira paſſer très-près de la Polaire, ſans rencontrer dans cet intervalle d'autre Etoile qui ſoit bien remarquable : ainſi la premiere bien viſible qu'on appercevra, ſera la Polaire ; les deux antérieures du quarré, &

l'avant-derniere de la queue, font de
la troifiéme grandeur ; les trois autres font de la quatriéme & cinquiéme : fi on n'a pas un peu d'habitude,
il n'eft point facile de les appercevoir ;
la forme complette n'en faute pas aux
yeux comme celle de la Grande Ourfe. L'Etoile Polaire qui eft fort près
du Pôle, paroît immobile dans le
Ciel, & toutes les autres femblent
tourner autour d'elle.

Si l'on imaginoit une ligne droite
tirée par B & G de la Grande Ourfe,
elle ira paffer à-peu-près fur une Etoile
de la premiere grandeur, qui eft dans
la conftellation du Bouvier, & qu'on
appelle *Arcturus* ; on la voit dans le
mois d'Août, à l'Oueft, après le
coucher du foleil ; dans le mois de
Mai, elle paffe au Méridien vers les

dix heures du foir ; elle eft très-bril-
lante, & on ne pourra pas s'y méprendre. Si l'on imagine encore une
ligne droite qui aille de F de la Grande Ourfe , à A de la Petite ; elle paffera fur une Etoile de la feconde
grandeur, qui eft dans la queue du
Dragon, la feule belle de cette conftellation.

CASSIOPÉE

P. 29

O

I I.

CASSIOPÉE.

LA conſtellation de Caſſiopée eſt très-remarquable ; elle eſt compoſée de neuf Etoiles aſſez viſibles, dont les ſix plus brillantes forment une eſpéce de chaiſe dont le doſſier ſeroit plié en avant, le bas de la chaiſe étant plus large que le ſiége. Si l'on imagine une ligne droite qui paſſe par G de la Grande Ourſe ; & par l'Etoile Polaire, elle ira traverſer la conſtellation de Caſſiopée qui ſe trouve en grande partie dans la voie lactée, autrement appellée le *Chemin de Saint Jacques.* L'Etoile marquée A, s'appelle *Schedire* ; elle eſt ſur la poi-

trine de Caſſiopée, elle eſt de la troiſiéme grandeur, ainſi que B, C, D,
E ; les autres ſont de la quatriéme,
cinquiéme & ſixiéme grandeur : cette
conſtellation paſſe au Méridien du
côté du Nord au-deſſus du Pôle, vers
les dix heures du ſoir à la fin d'Octobre.

Les Etoiles qui ſont entre le quarré
de la petite Ourſe & Caſſiopée appartiennent à une conſtellation qu'on
appelle *Céphée*.

LA COURONNE BORÉALE
B
C
A
P. 31.

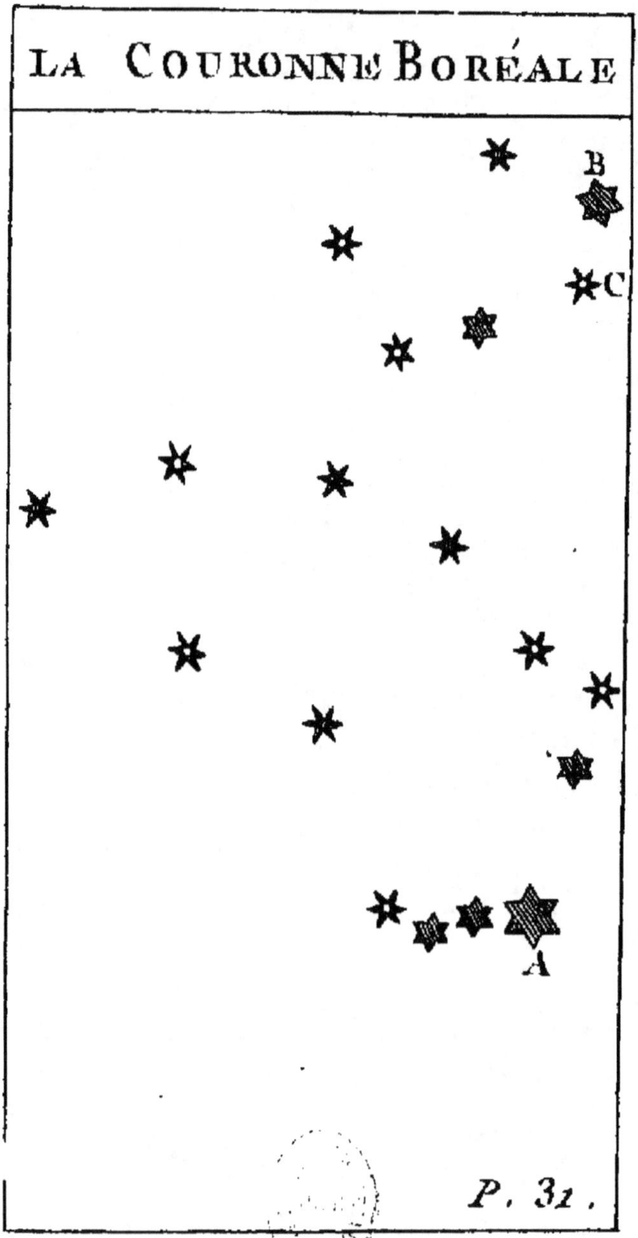

I I I.

LA COURONNE

B O R É A L E.

LA Couronne Boréale eſt une conſtellation très-remarquable, compoſée de onze Etoiles de différentes grandeurs qui forment une eſpece de ſix de chiffre, dont le ventre a plus de largeur que de hauteur. Parmi ces Etoiles, il y en a une marquée A, de la ſeconde grandeur, qu'on appelle *la Luiſante de la Couronne.* Cette conſtellation paſſe au Méridien ſur les dix heures du ſoir, vers le 15 de Juin : alors elle eſt fort élevée ſur l'horiſon dans ce climat. Si on imagine une ligne droite par B &

B iv

par F de la Grande Ourſe ; elle ira
paſſer par la Luiſante de la Couronne,
& cette conſtellation formeroit un
triangle avec l'extrémité de la queue
de la Grande Ourſe & l'Etoile du
Bouvier appellée *Arcturus* dont nous
avons parlé. Il eſt vrai que la diſtan-
ce de ces deux dernieres Etoiles,
feroit double d'*Arcturus* à la Couronne. L'Etoile C, eſt dans la maſ-
fue du Bouvier, & celle marquée
B eſt dans ſa tête.

LE CIGNE et LA LYRE

P. 33.

IV.

LE CYGNE

ET

LA LYRE.

A L'EST de la Couronne Boréale & plus près du Zénith, on trouve deux conſtellations très-remarquables qui ſont le Cygne & la Lyre ; on les a compriſes toutes les deux dans la Planche IV. Le Cygne qui eſt compoſé de cinq princi-pales Etoiles A, B, D, E, F, a la figure d'une grande Croix. La premiere qui eſt à la queue du Cy-gne, eſt de la ſeconde grandeur. La ſeconde au bec eſt de la troiſiéme ; les trois autres à la poitrine & aux

B v

deux aîles, font de la quatriéme.
Cette conftellation eft dans la voie
lactée ; elle paffe au Méridien vers
les dix heures du foir au commencement de Septembre. Quand on aura
une fois bien reconnu cette conftellation, il fera fort aifé de reconnoître
la Lyre qui en fera à l'Oueft & plus
au Zénith. Cette Etoile marquée C,
dans la planche, & qu'on appelle
Vega, eft de la premiere grandeur,
& une des plus brillantes du Ciel ;
les deux autres font deux Etoiles de
la troifième grandeur qui appartiennent à cette conftellation. La Lyre
rafe la voie lactée ; elle paffe au Méridien, vers les dix heures du foir à
la fin de Juillet.

L'AIGLE et le DAUPHIN

P. 35.

V.

L'AIGLE

ET

LE DAUPHIN.

AU Sud du Cygne, on voit deux conſtellations, dont lapremiere qu'on appelle l'*Aigle*, eſt remarquable par ſa ſituation au milieu de la voie lactée ; elle eſt compoſée de trois principales Etoiles brillantes en ligne droite dans la direction du Nord au Sud ; celle qui eſt au Sud de la quatriéme grandeur, eſt plus éloignée de celle du milieu déſignée par A qui eſt de la ſeconde grandeur, & qu'on appelle la *Claire de l'Aigle*, que celle qui eſt au Nord, & qui eſt de la

B vj

troisiéme grandeur ; elle paffe au Méridien vers le quinziéme d'Août, à dix
heures du foir.

A l'eft & près de l'Aigle , à la
même hauteur, on voit une conftellation compofée de cinq Etoiles ,
dont la plus brillante n'eft que de la
troifiéme grandeur, on l'appelle le
Dauphin ; elle a la forme d'un lozange affez parfait. La cinquiéme Etoile
étant au Sud du lozange , eft un peu
à l'eft de la direction de la grande
diagonale du lozange ; elle paffe au
Méridien environ trois quarts d'heure après l'Aigle.

VI

PEGAZE

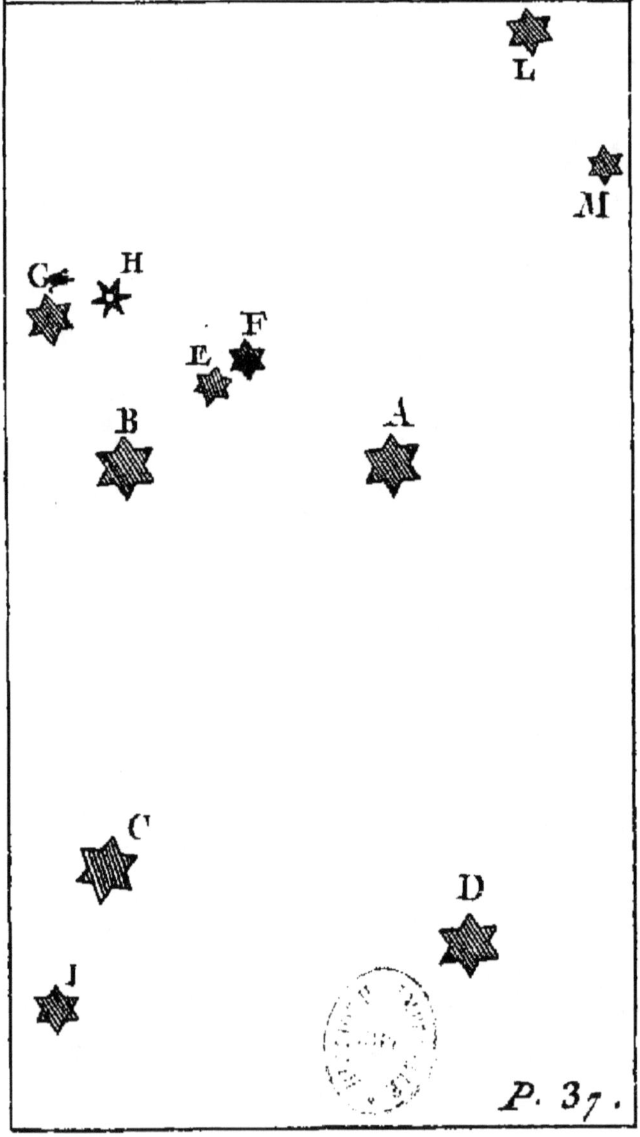

P. 37.

V I.

PÉGAZE.

Environ deux heures & demie après le paſſage du Dauphin au Méridien, c'eſt-à-dire, à dix heures du ſoir vers le 10 Octobre, on y voit arriver à peu-près à la même hauteur une belle Etoile de la ſeconde grandeur, qui eſt dans l'aîle gauche de Pégaze, & marquée A dans la planche. Pour la trouver plus ſûrement, on n'a qu'à imaginer une ligne droite tirée par la Claire de l'Aigle, & la cinquiéme Etoile qui eſt hors du lozange du Dauphin, & que nous appellons *ſa queue*. Elle ira paſſer ſur cette Etoile qui eſt éloignée de la queue du Dauphin d'une distance à peu-près triple de celle-là , à la Claire de l'Aigle. On trouvera dans la constellation de Pégaze, trois autres Etoiles aussi brillantes qui forment, avec celle de l'aîle gauche , un grand quarré quasi parfait A , B , C , D. A l'angle boreal & occidental B de ce quarré , on voit quatre petites Etoiles E , F, G , H, qui forment un triangle izocelle très-remarquable. L'Etoile C de l'Angle boréal Oriental du quarré , est à la tête d'Andromede ; constellation plus boréale & plus orientale que Pégaze , dont nous aurons occasion de parler.

L'Etoile I est dans le téton gauche d'Andromede ; les Etoiles L & M, sont dans la bouche & la joue de Pégaze.

Environ dix minutes avant le paſ-
fage de l'Etoile A de Pégaze au Méridien, on y verra arriver une fort
belle étoile près de l'horiſon ; elle
appartient au Poiſſon auſtral & s'appelle *Fomahault.*

Sur le prolongement de la ligne
tirée par C & D de Pegaze vers le
Sud, on voit une aſſez beile Etoile
qui paſſe au Méridien quelques mo-
mens après elle, qui eſt dans la
queue de la baleine.

VII.

LE BELIER.

CETTE conftellation qui n'eft pas fort apparente, n'eft compofée que de trois principales Etoiles dont la plus brillante défignée par A, eft de la troifiéme grandeur, elle occupe une place diftinguée dans le Ciel, c'eft de ce point-là que l'on compte les longitudes des Etoiles ; que c'eft le point où l'Equateur coupe l'écliptique, & que c'eft dans ce figne que le foleil entre au moment de l'Equinoxe du Printems. Comme elle n'a pas une figure fort remarquable ; ce fera par fa fituation relative à d'autres conftellations plus

LE BELIER

P. 40

apparentes que nous la ferons connoître ; elle paſſe au Méridien à dix
heures du ſoir, au commencement
de Novembre. L'Etoile A qui eſt
dans le front du Bélier , s'appelle la
Luiſante du Bélier , & les deux autres ſont dans ſa corne gauche ; nous
reviendrons à cette conſtellation
dans une autre Planche pour la faire
mieux reconnoître.

VIII.

LE TAUREAU.

LA tête du Taureau est une des constellations des plus faciles à reconnoître ; elle a parfaitement la forme d'un V consonne ; & l'extrémité de la jambe gauche méridionale de cet V est formée par une des plus brillantes Etoiles du Ciel, de la premiere grandeur, que l'on appelle *Aldebaran* ou l'*œil droit du Taureau*. L'extrémité de l'autre jambe de l'V, s'appelle l'*œil gauche*, & est de la troisiéme grandeur, ainsi que la pointe qui forme les narines. Cette constellation dont l'assemblage des Etoiles s'appelle aussi quelquefois les *Hyades,*

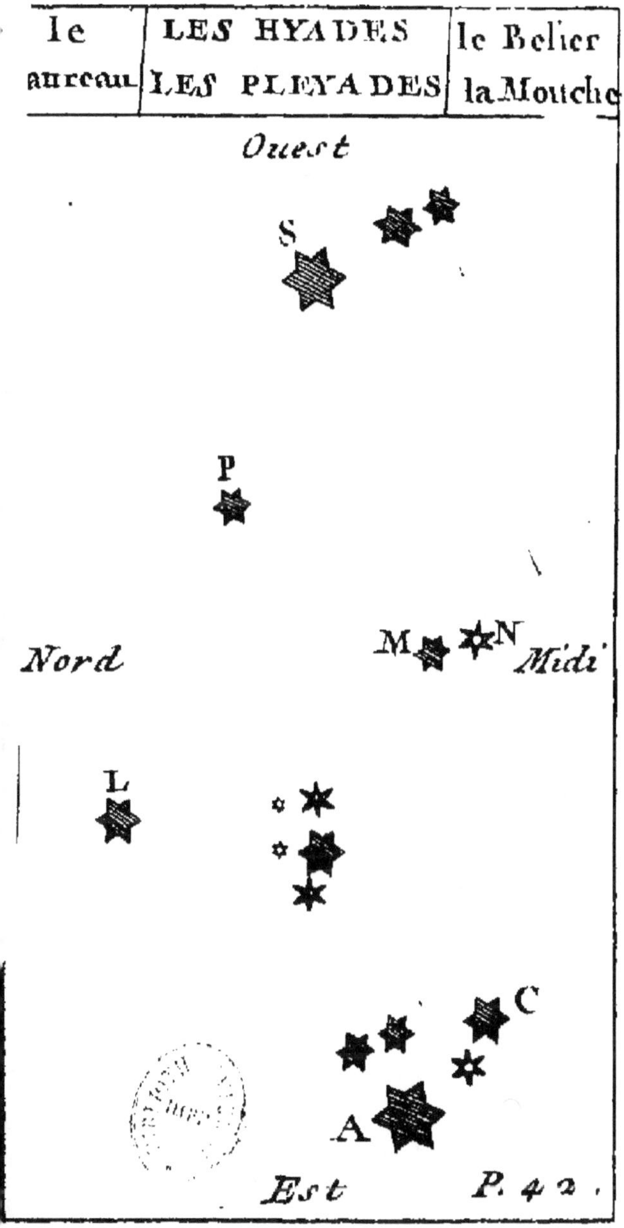

le aureau	LES HYADES / LES PLEYADES	le Belier / la Mouche

est toujours dans la partie méridionale du Ciel, par rapport à nous ; elle passe au Méridien vers les dix heures du soir, à la fin de Décembre.

Sur le prolongement des deux jambes de l'V, on trouvera deux Etoiles qui forment l'extrémité du corps du Taureau ; la premiere qui forme la corne australe, seroit coupée par une ligne droite que l'on imagineroit, tirée par C & par A, elle est de la troisiéme grandeur, & est éloignée d'*Aldebaran* de quatre fois la distance qu'il y a de C à *Aldebaran* : l'extrémité de la corne boréale de la seconde grandeur est à la même distance de A, mais non pas dans le même alignement de C & de A. On donnera dans une autre Planche un alignement exact pour la retrouver.

LES PLEYADES.

ON trouve dans cette Planche la constellation des Pleyades, qui est un amas d'Etoiles, connues de tout le monde sous le nom de la *Poussiniere* : il y a cinq ou six Etoiles fort voisines les unes des autres, dont la plus brillante est de la troisiéme grandeur. Comme c'est de toutes les constellations du Ciel la plus connue, elle servira par sa position à faire reconnoître la tête du Taureau & le Bélier : elle passe au Méridien à dix heures du soir vers le 15 Décembre.

De ces trois constellations, la plus difficile à reconnoître, c'est le Bélier ; c'est pourquoi on l'a mis dans la mê-me Planche avec le Taureau & les

Pléyades, parce qu'en la comparant à la vue dans le Ciel, il sera impossible de s'y méprendre ; on trouve dans cette Planche deux petites Etoiles M & N de la quatriéme & cinquiéme grandeur qui sont dans la queue du Bélier : si on imagine une ligne droite tirée d'*Aldebaran* à la luisante du Belier, elle passera entre les deux Etoiles de la queue.

LA MOUCHE.

L'Etoile P est la seule Etoile remarquable de la Mouche. L'Etoile L est au pied de Persée.

LA BALEINE.

AU-DESSOUS du Bélier, on voit une conftellation compofée de fix principales Etoiles qu'on appelle la *Baleine*. Il y en a trois de la feconde & troifiéme grandeur qui forment une efpece de fauffe équerre. Si par l'angle de l'équerre, on tire une ligne droite à la corne du Bélier, elle paffera par les deux autres de la tête de la Baleine. Cette conftellation paffe au Méridien en même temps que le Bélier. Si par les deux Etoiles qui forment la fauffe équerre, on fait paffer une ligne droite prolongée vers l'Oueft, elle ira paffer fur une belle Etoile qu'on appelle la *queue de la Baleine* : la tête de la Baleine forme un triangle rectangle avec S du Bélier & la tête du Taureau A.

LE CHARRETIER

P. 47.

IX.

LE CHARRETIER.

LE Charretier eſt une conſtellation qui paſſe au Méridien à peu-près
en même tems que le Taureau, mais
qui eſt plus près du Zénith, & con-
ſéquemment plus élevée; elle n'a
pas de forme que l'on puiſſe rappor-
ter à quelque figure connue, mais
elle eſt remarquable par une Etoile
A, de la premiere grandeur, très-
brillante que l'on appelle *la Chévre*;
les autres ſept Etoiles ſont de la ſeconde, troiſiéme & quatriéme grandeur; celle qui eſt marquée B, eſt la
corne boréale du Taureau; ainſi lorſ-
que par les moyens donnés dans la

précédente Planche, on aura reconnu cette Etoile ; elle servira par sa
pofition à faire reconnoître la conftellation du Charretier dont on n'a
mis que les principales Etoiles, dans
la Planche IX.

N°. X.

ORION 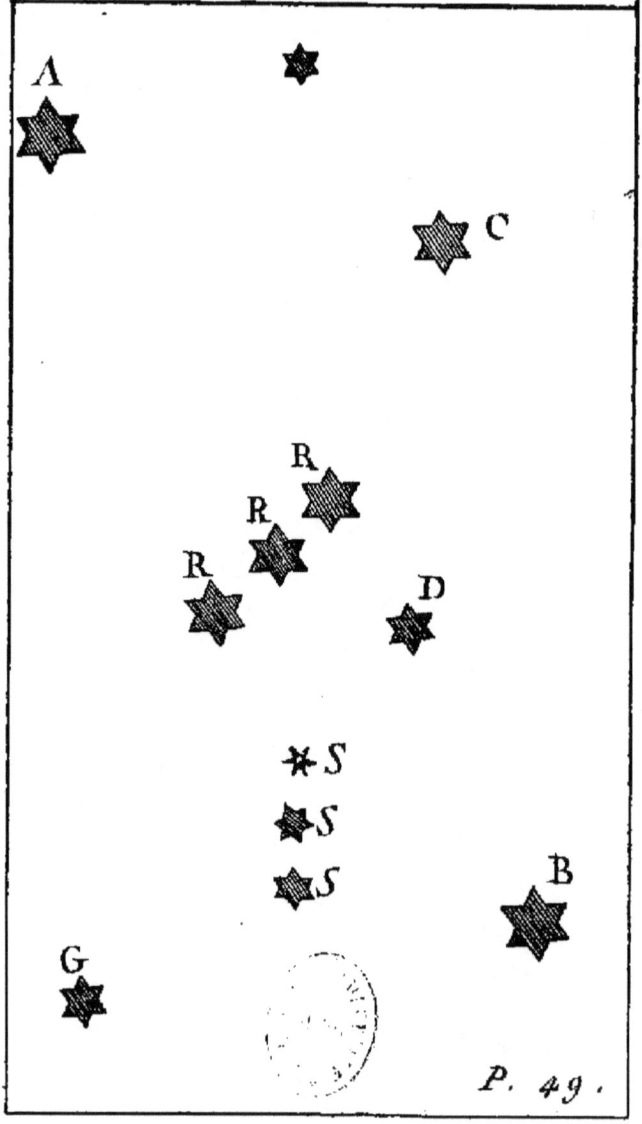
A
C
R
R
R
D
S
S
S
B
G
P. 49.

X.

ORION.

LA constellation d'Orion est la plus remarquable du Ciel dans la partie méridionale où elle est située ; elle est composée d'onze principales Etoiles dont deux A & B de la premiere grandeur ; quatre C, R, R, R de la seconde ; deux D G, de la troisiéme , & les trois S de la quatriéme & de la cinquiéme ; elle a la forme d'une grande croix, dont A, R, B, seroient la longue branche , & les trois R, la petite branche, coupant la longue dans son milieu ; A est l'é-paule droite d'Orion, C son épaule gauche, B qu'on appelle *Rigel*, son

C

pied gauche ; les trois R forment la
ceinture, on les appelle communé-
ment les *Trois Rois*, & en Languedoc
les *Trois Bourdons* ; les trois S font à
la lame de fon épée, dont D eft le
pommeau; G eft fon genouil gauche :
Orion paffe au Méridien vers les
dix heures du foir au commencement de Janvier. Cette conftellation,
que l'on reconnoîtra à la premiere
infpection, fervira à en faire reconnoître beaucoup d'autres, ainfi qu'on
le verra dans la Planche fuivante. Si
on imagine une ligne droite tirée par
l'épaule droite d'Orion A & C du
Charretier, elle paffera fur les deux
cornes du Taureau. Si de ces quatre
Etoiles, on en connoît deux quelcon-
ques, on trouvera les deux autres
facilement.

LE LIEVRE,

Le petit Chien, le grand Chien & les Gémeaux.

ON parle ici de quatre conftellations différentes dont Orion, la prin-
cipale, vient d'être décrite ci-def-
fus, & dont on parle encore ici pour
fervir à faire reconnoître les trois
autres. Celle qui eft au Sud d'Orion,
eft le Lievre, compofée de fix principales Etoiles, dont les deux plus
belles font de la troifiéme grandeur,
les autres font de la quatriéme &
de la cinquiéme. Cette conftellation
n'eft remarquable que parce qu'elle
eft fituée au-deffous d'Orion, & que
dans la latitude d'Orion à l'horifon, on ne voit que cette conftellation.

C ij

Au Nord-Est d'Orion, il y a une conftellation appellée le *Petit Chien*, qui n'a que deux Etoiles remarquables dont la plus confidérable qui eft de la feconde grandeur, s'appelle *Procyon*. On la trouvera aifément, fi l'on imagine une ligne droite par B d'Orion, & par la plus méridionale des trois Etoiles de la lame de fon épée, elle ira paffer par *Procyon*.

Au Sud-Est d'Orion, on trouvera une autre conftellation qu'on appelle le *grand Chien* ou la *Canicule*, elle eft compofée de huit Etoiles apparentes dont la plus belle qu'on appelle *Sirius*, eft la plus brillante du Ciel. Elle forme feule une claffe à part, parce qu'il ne s'en trouve aucune dans le Ciel que l'on puiffe lui comparer, ni pour la grandeur, ni pour la clarté ; elle eſt preſque en ligne droite avec les trois R d'Orion. *Sirius* eſt ſur la levre ſupérieure du grand Chien. Cette conſtellation paſſe au Méridien à dix heures du ſoir vers la fin de Janvier.

Environ une heure trois quarts, après le paſſage de *Procyon* au Méridien, on y verra paſſer une Etoile de la premiere grandeur à la même hauteur de B d'Orion, & qui n'a à ſes environs que des petites Etoiles, on l'appelle le *Cœur de l'Hydre ;* on la trouvera en faiſant paſſer une ligne droite par les deux Etoiles les plus brillantes du petit Chien.

Si du pied B d'Orion, on tire une ligne droite par celle du milieu des trois R de cette même conſtellation, & qu'on la prolonge au Nord, elle ira rencontrer une belle Etoile qui eſt à la tête de Caſtor : & ſi par la même B d'Orion & la plus occidentale des trois R de cette même conſtellation on fait paſſer une pareille ligne droite, elle ira rencontrer une autre belle Etoile à la tête de Pollux ; ces deux Etoiles avec deux autres plus méridionales, moins belles, forment la conſtellation des Gémeaux qui paſſe au Méridien, ainſi que *Procyon* ou le petit Chien, à dix heures du ſoir au commencement de Février.

LE LYON

Ouest A 

D

E

Nord G  F Midi

B

Est P. 55.

XI.

LE LION.

LA Planche 11 repréfente la conftellation du Lion qui eft compofée
de fix principales Etoiles, dont celle
marquée A, eft de la premiere
grandeur, & s'appelle *Regulus* ou
le *Cœur du Lion* ; D & E de la
feconde & de la troifiéme dans la
criniere ; G & F de la troifiéme dans
la cuiffe ; & B de la feconde, à l'extrémité de fa queue.

La forme de cette conftellation
eft bien marquée, & les Etoiles
en font affez brillantes pour pouvoir la reconnoître aifément, fur-
tout fi l'on fait attention qu'elle eft

plus élevée que le petit Chien , &
qu'elle paſſe au Méridien environ
deux heures & demie après lui, c'eſt-
à-dire à dix heures du ſoir , vers le
20 de Mars. *Regulus* y paſſe demi-
heure après le Cœur de l'Hydre dont
nous avons parlé dans l'explication
précédente. Une Etoile de la troiſiéme grandeur qui eſt au bout ſupé-
rieur de l'aîle auſtrale de la Vierge ,
paſſe au Méridien en même temps
que le bout de la queue du Lion, elle
eſt plus baſſe qu'elle , & ſervira à
faire reconnoître une Etoile de la premiere grandeur, qui eſt encore plus
près de l'horiſon , & qui paſſe au
Méridien une heure & demie après.
On l'appelle l'*Epi de la Vierge* ; on
la trouvera dans l'alignement de Régulus & de l'Etoile de l'aîle de la

Vierge dont nous venons de parler, prolongé à l'Eft.

Si on prolonge ce même alignement à l'Oueft ; elle ira paffer fur les Etoiles de l'Ecreviffe, qui ne font que foiblement vifibles, une feule eft de la troifiéme grandeur. Elle eft fur l'alignement de *Régulus*, à la feconde Etoile du petit Chien, deux fois plus près d'elle que *Régulus*.

D'abord, après le paffage de la queue du Lion au Méridien, on voit paffer vers le Sud une conftellation appellée le *Corbeau*, qui comprend quatre Etoiles de la troifieme grandeur affez vifibles, formant un trapèfe. On en trouvera la figure dans la Planche du *Scorpion* ; ces quatre Etoiles y font défignées par la lettre C.

C v

XII.

SCORPION.

LA Planche XII représente la constellation du Scorpion. Elle est composée de six principales Etoiles brillantes d'une forme symmétrique, trois quasi en droite ligne du Nord au Sud, & trois de l'Est à l'Ouest ; celle du milieu des trois dernieres, est très brillante ; on l'appelle *Antares* ou le *cœur du Scorpion*. Cette constellation est fort méridionale, c'est-à-dire plus près de l'horison que du zénith ; à la fin de Juin, elle passe au Méridien vers des dix heures du soir.

Entre les Etoiles du Lion & cel-

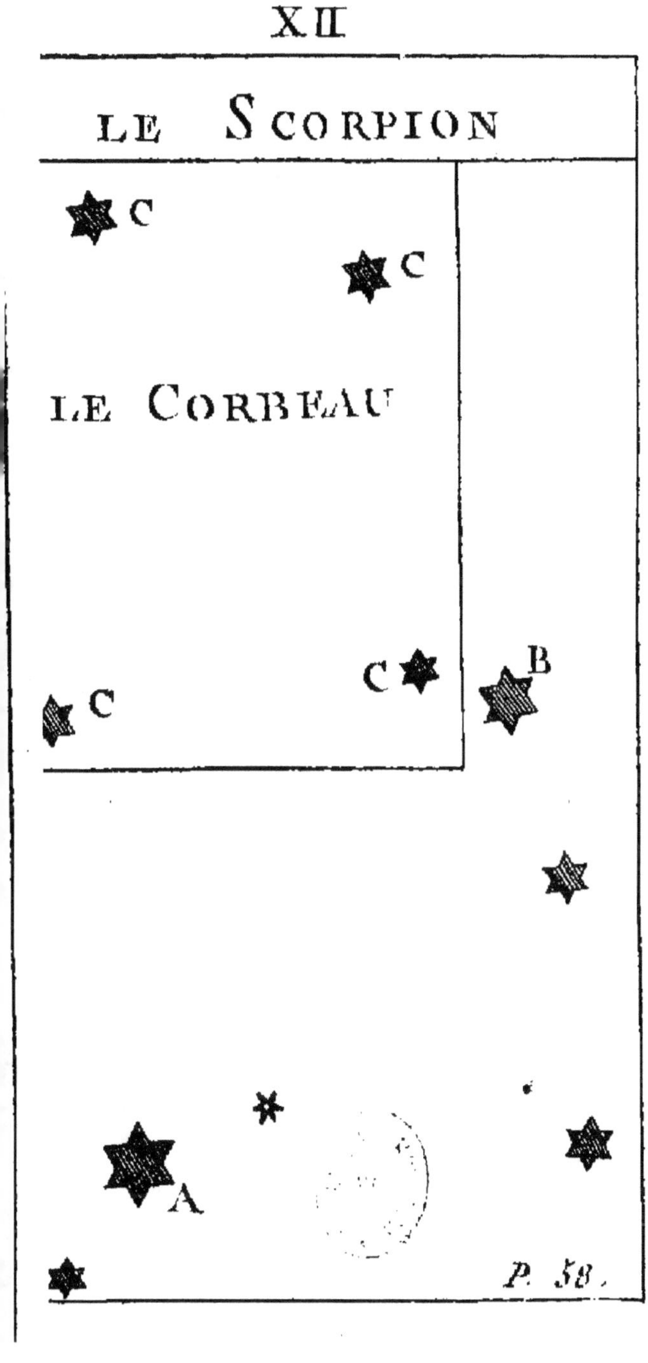

LE SCORPION

LE CORBEAU

C

C

C

C

B

A

les du Scorpion, il y a indépendam-
ment de celles de la Vierge, deux
Etoiles de la seconde grandeur qui
appartiennent à la Balance ; l'une est
à peu-près au milieu de l'alignement
de l'Epi de la Vierge, à l'Etoile marquée B, dans le Scorpion ; & l'autre est dans l'alignement de cette
même Etoile B, & du cœur du Scorpion, mais située au nord de ces
deux Etoiles.

Si par la Lyre & le cœur du Scorpion, on fait passer un alignement,
on trouvera à peu-près dans son milieu une Etoile de la seconde grandeur qui est à la tête du Serpentaire ;
& si de celle-ci on tire un autre alignement par *Arcturus*, on trouvera
assez près de la tête du Serpentaire
une Etoile à peu-près du même

éclat qui eſt à la tête d'Hercule. Elles paſſent au Méridien au commencement de Juillet, vers les dix heures du ſoir. Toutes les autres Etoiles de moindre grandeur qui ſont autour de celles-là appartiennent au Serpentaire vers le Sud, & à Hercule vers le Nord.

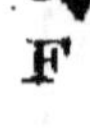

LE SAGITAIRE
A
A
E
E
E
A
F
E
A
P. 61.

XIII.

SAGITTAIRE.

LA premiere conſtellation qui paſſe au Méridien & à la même hauteur, après le Scorpion, eſt le Sagittaire qui eſt repréſenté dans la Planche XIII. Cette conſtellation eſt compoſée de neuf principales Etoiles ; les quatre marquées E qui ſont à l'Eſt, ſont dans l'épaule du Sagittaire ; les quatre marquées A, ſont dans l'arc, & celle marquée F, eſt au bout de la fléche. Cette conſtellation a bien d'autres Etoiles, mais on n'a mis ici que celles qui peuvent ſervir à la bien faire reconnoître, & qui ne paſſent pas la quatriéme grandeur. Cette conſtellation eſt très-apparente ; elle eſt en partie dans la voie lactée, &

elle paſſe au Méridien vers le 20 de Juillet à dix heures du ſoir.

Après la conſtellation du Sagittaire, on trouve vers l'Eſt deux Etoiles de la troiſiéme grandeur, voiſines l'une de l'autre, d'une hauteur peu différente, & qui ſont dans les cornes du Capri-corne. Elles ſont dans l'alignement du bec B du Cigne, & de la Claire de l'Aigle A, c'eſt le meilleur moyen de la reconnoître. Il y en a deux au-tres enſuite qui ſont à la queue de cette conſtellation de la troiſiéme grandeur, comme celles des Cornes, elles ſont fort voiſines l'une de l'au-tre, & dans l'alignement de la tête d'Andromede & de l'aîle de Pégaze, deux Etoiles qu'on a appris à recon-noître Pl. VI. Cette conſtellation paſſe au Méridien à dix heures vers le 15 de Septembre.

LE VERSEAU
Ouest
F
H
G Midi
Nord
A
C
B
D
Est
P. 63.

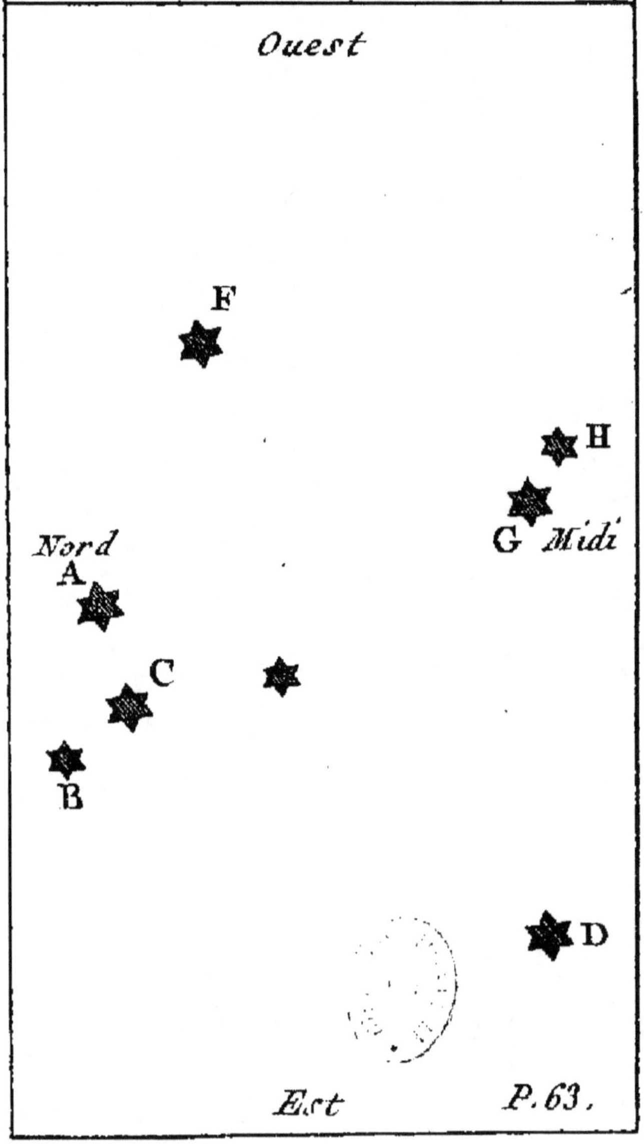

XIV.

LE VERSEAU.

IMMÉDIATEMENT après les Etoiles du Capricorne en allant vers l'Eſt, à peu-près à la même hauteur, on trouve les Etoiles du Verſeau ; conſtellation peu apparente, ſes plus belles Etoiles n'étant que de la troiſiéme grandeur, il y en a ſix principales A, B, C, D, E, F, les deux G, H, ſont celles de la queue du Capricorne dont nous avons parlé dans la deſcription précédente. F, épaule gauche du Verſeau, paſſe au Méridien quelques minutes avant la premiere du Capricorne. A, épaule gauche, eſt à peu-près dans l'alignement de *Fomahault*, dont on a parlé dans la Pl. VI, & de E, du Cigne de la Planche IV. Enfin D, qui est dans la jambe droite du Verseau, est dans l'alignement de *Fomahault*, & de A de *Pégaze*, Planche VI. Cette constellation passe au Méridien, à dix heures du soir vers le 10 de Septembre.

XV.

LES POISSONS.

Après le Verseau, à l'Est & au Nord on trouve la constellation des Poissons, qui n'a que de petites Etoiles, une seule qui est dans le nœud du lien qui unit les Poissons, est de la troisième grandeur. Elle passe au Méridien environ douze ou quinze minutes avant la luisante A du Bélier qu'on a vu ci-dessus, & elle est plus basse qu'elle d'environ un tiers de la distance de la luisante A, à l'horison.

CONCLUSION.

Par les descriptions précédentes, on sera en état de connoître toutes les Etoiles de la premiere, feconde grandeur, & quelques-unes de la troifiéme, fituées dans la Partie méridionale du Ciel. Nous avons vu la Grande & la Petite Ourfe, & Caffiopée dans la partie feptentrionale. Si par D & B de celle-ci, on fait paffer une ligne droite, elle ira paffer fur une belle Etoile de la feconde grandeur, & qui appartient à la conftellation de Perfée : conftellation compofée de cinq ou fix principales Etoiles, dont les trois plus belles font à égale diftance entr'elles, & quafi en ligne droite. Si par celle du milieu qui eft la plus belle, & par les Pleyades, on tire une ligne droite, elle paffera avant d'y arriver fur une affez belle Etoile qui appartient à la tête de Méduze. Toutes ces conftellations

paſſent au Méridien au-deſſus du
Pôle, au commencement de Novembre, vers les dix heures du ſoir, &
au-deſſous du Pôle, à la même heure
à la fin de Juillet.

Toutes les Etoiles d'une médiocre
grandeur qui ſont autour du Pôle,
entre la grande & la petite Ourſe,
appartiennent au Dragon : celles qui
ſont entre la petite Ourſe, Caſſiopée & le Cygne, appartiennent à
Céphée.

Les notions que nous avons don-
nées dans cet Ouvrage, peuvent ſuf-
fire aux Perſonnes qui ne veulent
pas étudier l'aſtronomie ; nous exi-
geons la plus légere attention pour
faire connoître l'état du Ciel dans les
belles ſoirées qu'on paſſe à la promenade : nous demandons très-peu d'ap-

plication pour apprendre à défigner
ces Etoiles charmantes dont la feule
vue infpire le defir de les connoître :
curiofité que l'on pourra fatisfaire,
fans fe donner la moindre conten-
tion d'efprit. Ceux qui veulent s'a-
donner à l'étude de l'aftronomie,
pourront trouver ici une connoiffance générale du Ciel qui leur fervira d'aiguillon au développement de
leurs idées : car pour les Obferva-
teurs, ils ont, comme l'on fçait, dans
le paffage au Méridien des Etoiles
& dans leurs hauteurs, des moyens
exacts pour reconnoître jufqu'aux
plus petites.

F I N.

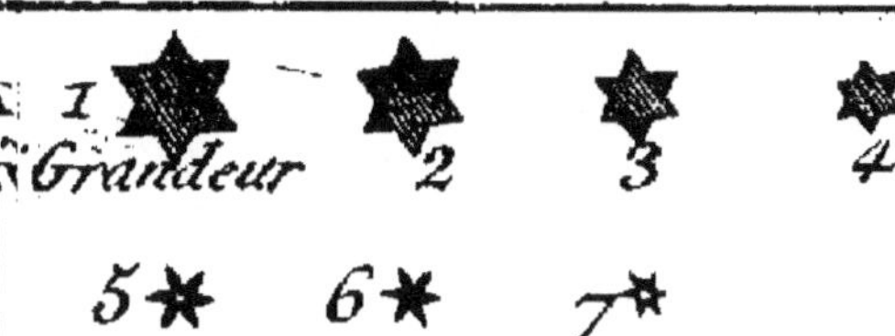

GRANDEURS DES ÉTOILES

1ͤ Grandeur   2   3   4

5   6   7

P. 68.

TABLE

DES PLANCHES.

70

IX.   Le Charretier.
X.   Orion.
XI.   Le Lion.
XII.   { Le Corbeau.
          { Le Scorpion.
XIII.   Le Sagittaire.
XIV.   Le Verseau.
XV.   Les Poissons.

APPROBATION.

J'AI examiné, par ordre de Monseigneur le Chancelier, un Manuscrit intitulé : *Uranographie*, &c. L'Auteur est assez connu par ses lumieres en Astronomie, pour prévenir en faveur de son Ouvrage, & je crois que l'étude en sera aussi utile qu'agréable. A Paris le 7 Décembre 1769. DE LA LANDE, Censeur Royal.

TABLE
DE L'OUVRAGE.

Fin de la Table.

CORRECTIONS.

Page 8 , *lig.* 3. une distance, *lisez* leur même distance.

Page 40 , *ligne* 9 & 10 *effacez* que.

Page 42 , *ligne* 1 , *effacez* de.

Ibid. ligne 2 , *lisez* constellation.

Page 48 , *à la reclame, effacez* N°.

www.ingramcontent.com/pod-product-compliance
Lightning Source LLC
LaVergne TN
LVHW021753170726
843503LV00004B/1862